LES ARMES
ET L'ARMURERIE

5e SÉRIE GRAND IN-8°.

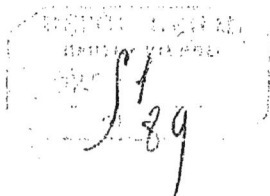

ARMURE DE FRANÇOIS Ier. (P. 68.)

LES ARMES

ET

L'ARMURERIE

A TRAVERS LES SIÈCLES

PAR

H. de GRAFFIGNY.

LIMOGES

EUGÈNE ARDANT ET Cie

ÉDITEURS

LES ARMES

ET

L'ARMURERIE

CHAPITRE PREMIER

Le travail des Métaux.

Il paraît parfaitement certain aujourd'hui qu'il a existé, longtemps avant les temps historiques, une race d'êtres intelligents, ancêtres de l'humanité actuelle, et qui vivaient épars dans les plaines et les forêts du monde primitif.

Une science : la géologie a prouvé par la découverte de crânes fossiles dans des terrains appelés, suivant leur ancienneté dans l'échelle des temps, quaternaire, diluvium, alluvion ; que l'homme préhistorique a bien réellement existé. Auprès de ces crânes, de ces ossements, dans le même terrain, on a retrouvé des échantillons du savoir-faire de ces races disparues et l'on en a pu déduire l'état dans lequel vivaient ces peuplades.

A cette époque reculée, la vie était fort rudimentaire et l'intelligence qui devait, bien des siècles plus tard, rayonner sur le globe terrestre et l'asservir, n'était que fort peu développée. L'homme préhistorique habitant les régions tempérées allait nu sous le ciel, vivait de la chair des animaux qu'il capturait et s'abritait dans de profondes cavernes, contre les intempéries des saisons.

Le premier besoin de l'humanité qui s'éveillait fut forcément celui de la nourriture et son premier acte d'intelligence fut l'invention de l'*arme* qui la dota d'une puissance énorme contre le milieu animal terrible qui l'entourait.

Quelle fut la première arme créée?... Un simple caillou !

Oui, un caillou, une pierre dure, un silex cassé de manière à présenter une arête tranchante, emmanché au bout d'un bâton fendu

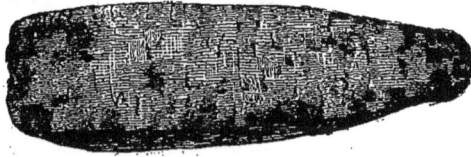

SILEX TAILLÉ.

HACHE DE PIERRE. (P. 9.)

et serré au moyen d'une liane flexible. Cette arme primitive, aux mains de l'homme préhistorique, fut un outil puissant. De la brute déchirant sa proie avec ses ongles et ses dents, aussitôt celle-ci abattue, elle fit un homme, découpant la peau et les chairs de l'animal vaincu, comme le fait, aujourd'hui encore, le chasseur habile. Lorsque sa nourriture fut assurée, l'homme put occuper ses loisirs à rêver et à chercher des moyens d'améliorer sa position toujours si précaire. Il s'aperçut d'abord de l'insuffisance de ses armes grossières, au cours de ses luttes continuelles contre les animaux féroces, pullulant dans les sombres forêts qu'il habitait, puis de la rigueur des saisons qui le fit chercher à se couvrir et à se construire des abris. Les besoins matériels une fois satisfaits, il naquit à la vie intellectuelle et c'est à l'époque où date l'invention du langage écrit, que commencent les temps historiques.

Ainsi qu'on le voit, l'arme a joué constamment un rôle considérable dans l'histoire de l'humanité, son rôle a été immense en raison

même de la faiblesse de notre constitution
anatomique qui veut que notre corps se re-
forme continuellement aux dépens des autres
êtres animés et fait de la vie un perpétuel
combat. Il est donc intéressant de voir quelles
ont été ses formes, ses perfectionnements, les
services qu'elle a rendus, et c'est ce que nous
allons essayer de revoir ici.

La première arme a été la hache de pierre
et quoique le nom de son inventeur ne soit pas
venu jusqu'à nous, il faut croire que celui qui
l'a imaginé était un être très-intelligent, pour
ses congénères et pour l'époque. Quand on eut
remarqué que la pierre divisait à merveille
les corps les plus résistants, on songea à la
rendre tranchante en la taillant à l'aide de
cailloux plus durs qu'elle, et à l'emmancher
d'une autre façon. Successivement apparurent
donc le marteau, la pointe de lance et de flèche et d'autres instruments ayant tous pour
objet de couper, trancher et écraser toutes
choses facilement.

Les époques géologiques sont donc caracté-
risées par la présence dans certains terrains,

de semblables armes en pierre brute ou polie,
taillée de diverses manières, et un musée très-
curieux à visiter, celui de Saint-Germain-en-
Laye, a rassemblé des collections fort complètes de toutes ces armes et de tous ces outils
de pierre de nos ancêtres de l'âge préhistorique.

Après les haches, marteaux et lances de
pierre, l'arme la plus ancienne paraît avoir
été l'arc, qui est encore maintenant l'instru-
ment d'attaque et de défense de tous les peuples sauvages. Tout le monde sait ce que c'est
que l'arc, aussi ne le décrirons-nous pas. On
n'a pas oublié qu'il est fondé sur l'élasticité
d'une branche d'arbre dont un lien quelconque
maintient la courbure. L'arc est complété par
la flèche qui est une simple baguette légère
dont la tête, durcie au feu, est affilée ou garnie
d'une pointe dure : pierre, os, etc. Au début de
l'humanité, l'arc devait être fort grossier, mais
comme ce fut la première arme de jet connue,
on dut certainement considérer son inventeur
comme un homme de génie.

Doté de l'arc, dès lors le chasseur put atteindre et frapper de loin le cerf rapide et les terribles carnassiers, dans le but de se nourrir de la chair du premier et de se débarrasser de la concurrence gênante des seconds.

En suivant l'ordre chronologique, après l'arc, on rencontre, comme arme de jet, la fronde.

La fronde est, comme l'arc, un jouet de l'enfance, surtout dans les campagnes et je suis certain que, parmi mes lecteurs, un grand nombre en a eu dans les mains. Pour les enfants des villes qui n'en ont jamais vu ou possédé, je dirai que la fronde se compose d'une poche de cuir munie de deux ficelles assez longues. On met un projectile assez lourd dans cette poche de cuir : pierre, balle de plomb, etc., et tenant les deux ficelles dans la main on fait tourner la fronde au-dessus de sa tête, de plus en plus rapidement. Au moment où l'appareil a acquis la plus grande vitesse possible, on lâche l'une des deux cordes, la poche s'ouvre et le projectile s'échappe avec rapidité. Un homme vigoureux peut ainsi envoyer un caillou à plus de cinq cents pas. On se rappelle

sans doute que ce fut d'un coup de fronde que
le berger David, qui devint roi, tua le géant
philistin Goliath....

La fronde fut, comme l'arc et pendant longtemps, l'arme ordinaire et très-mal commode
des soldats à pied de l'antiquité et même du
moyen âge. Les habitants des îles Baléares
furent renommés pour leur adresse et leur
habileté à se servir de la fronde. Les Grecs,
les Romains et les Carthaginois eurent des
corps de frondeurs, et, à leur exemple, les
Francs, les Germains et autres barbares. Au
xive siècle, il y avait encore des troupes de
frondeurs dans les armées espagnoles, et on se
servait d'une espèce de fronde appelée *fustibale*
pour lancer avec une violence extraordinaire
et à une grande distance des pierres et des
grenades enflammées.

Mais l'armurerie proprement dite n'a commencé que bien des siècles après l'invention
de ces premiers instruments de jet. On pourrait dire qu'elle n'a réellement pris naissance
que lorsque l'homme a su extraire les métaux
du sein de la terre et les travailler. Dès ce

moment on fit des armes robustes, solides et
surtout meurtrières, en même temps que des
instruments plus pacifiques et des appareils
défensifs.

Car, — et on ne saurait trop le déplorer, —
l'homme n'avait pas inventé l'arme seulement
pour s'assurer sa nourriture et sa vie, pour
détruire les animaux féroces ou nuisibles qui
l'attaquaient et rendaient son existence péni-
ble et aléatoire, non, il se servit immédiatement de l'arme contre ses semblables, et la
guerre inique et monstrueuse règne en sou-
veraine depuis la naissance de l'humanité.

Certes, pour ce résultat : la guerre fratri-
cide des hommes les uns contre les autres, les
bâtons arrachés aux arbres des forêts, les
haches et les marteaux de pierre étaient
grandement suffisants. On se cassait les bras
et les jambes les uns les autres avec entrain
et succès, cela n'empêcha pas cependant,
lorsque les métaux furent découverts, de son-
ger à en faire immédiatement des armes.

Aussitôt donc que l'on fut parvenu à obtenir
une barre de fer ou une plaque de bronze (ce

sont les deux premiers métaux ou alliages qui aient été connus), on pensa à en faire des armes, d'abord offensives, puis défensives, ce qui forme deux grandes classes bien différentes l'une de l'autre. Ensuite les armes offensives se divisèrent elles-mêmes en deux sections : les armes de main ou d'*hast*, pour le combat corps à corps, et les armes de jet, comme la fronde et l'arc. Aujourd'hui, ces deux sections ont changé et on range plutôt les armes offensives en deux autres catégories : les armes blanches et les armes à feu. Mais cela revient toujours au même, puisque les armes blanches ne peuvent servir que tenues à la main, tandis que les armes à feu sont surtout utiles pour le combat à distance.

C'est ce dernier ordre que nous suivrons de préférence dans le présent ouvrage, pour plus de clarté et de facilité. Mais avant d'entrer de plain-pied dans cette encyclopédie, il est bon, croyons-nous, de dire quelques mots des matières qui constituent les armes.

Ces matières sont, avant tout, le fer, l'acier, le cuivre et le bronze.

2

La connaissance du fer et l'art de travailler
ce métal ont dû être bien postérieurs à l'emploi des autres métaux usuels, à cause de la
difficulté de son extraction. Quelques savants
attribuent la découverte et l'usage du fer aux
Chalybes ou aux Cyclopes, peuples très anciens et fort renommés dans l'antiquité pour
leur habileté à travailler les métaux. La Bible
constate l'existence du fer dans l'Egypte et
dans la Palestine et fait honneur de sa découverte au fameux forgeron Tubalcaïn, fils ou
petit-fils de Caïn. Dans tous les cas, les auteurs
grecs s'accordent à placer l'introduction en
Grèce de la connaissance du fer, ainsi que
l'art de le travailler, vers l'an 1431 avant
Jésus-Christ. Cette connaissance y aurait été
apportée de Phrygie par les Dactyles, lorsqu'ils quittèrent les environs du mont Ida pour
venir s'établir dans l'île de Crète. Toutefois
l'usage de ce métal ne paraît pas avoir été
très répandu chez les peuples de l'antiquité.

Le bronze, alliage de cuivre et d'étain,
beaucoup plus dur et plus résistant que le
cuivre seul, a été plus anciennement employé

que le fer. Toutes les armes offensives ou défensives des Egyptiens et des premiers Grecs étaient en bronze, mais aussitôt que le fer fut connu, on le préféra à cet alliage.

Nous dirons quelques mots de la métallurgie du fer, c'est-à-dire de son extraction et sa mise en œuvre.

On trouve le fer sous plusieurs formes différentes : à l'état *natif* ou pur, *oligiste* ou presque pur, mais ce n'est qu'en petites quantités. Le minerai le plus commun est l'*oxyde de fer hydraté* qui est une combinaison du fer métallique avec un gaz qui se trouve en liberté dans l'atmosphère et que les chimistes appellent *oxygène*.

On trouve un grand nombre de mines de fer en France, notamment dans l'Est. Rien que le département de Meurthe-et-Moselle, a produit en 1885 et à lui seul 924,475 tonnes de minerai, soit près d'un milliard de kilogrammes!

Lorsque l'on a monté le minerai, du plus profond des galeries souterraines jusqu'à la surface du sol, il est mélangé à de la terre et à d'autres produits inertes. Dans une opération,

appelée *bocardage,* on concasse donc et on
broie le mélange qui est ensuite lavé à grande
eau : la terre s'en va sous forme de boue
liquide et l'oxyde de fer reste dans le fond de
l'appareil.

Pour changer cette terre, ce minerai, cette
poudre en fer, il faut la fondre, de manière
que toutes les particules impures que le lavage
et le bocardage n'ont pu enlever, soient vitri-
fiées et chassées, et que le métal s'agglomère
ensemble. Pour fondre le fer, ce qui exige une
très grande quantité de chaleur, on procède
par l'une ou l'autre de deux méthodes. La première est dite *catalane,* la seconde *méthode des
hauts-fourneaux.*

Dans la méthode catalane, une partie du
minerai d'oxyde de fer se combine avec la
terre et les impuretés pour former un *laitier*
que l'on chasse du lingot ou *loupe* en battant
celui-ci sur l'enclume d'un lourd marteau-
pilon. Mais ce procédé est, on le comprend,
peu économique puisqu'il entraîne la perte
d'une partie du minerai. Il est vrai que cet in-

HAUT-FOURNEAU. (P. 19.)

convénient est compensé en ce qu'on obtient de suite du fer pur.

La seconde méthode est absolument différente et plus compliquée. On entasse le minerai dans un *haut-fourneau*, qui est un fourneau en maçonnerie aussi haut qu'une maison, et on a soin d'intercaler, entre deux couches de minerai, une couche de charbon et de *fondant*, mélange destiné à se combiner avec le métal pour permettre la séparation des parties impures.

Le foyer, placé à la partie inférieure du haut-fourneau, brûle nuit et jour et son activité est encore augmentée par un jet d'air chaud projeté par d'énormes machines soufflantes. A un certain moment, le métal fond et se combine avec le charbon. Le *laitier* ou mauvais fer étant plus léger est évacué et chassé, puis en ouvrant une issue au creuset, on laisse échapper le métal pâteux et incandescent, qui coule dans des moules de sable et se refroidit sous forme de grosses barres, appelées *gueuses*.

Mais on n'obtient par cette méthode, que de la fonte, c'est-à-dire du fer mélangé de charbon.

Il faut maintenant chasser ce charbon et on
s'y prend de la façon suivante : On étend la
fonte en morceaux sur la *sole* ou four d'un four
spécial, dit *four à puddler*. La flamme d'un
foyer ardent allumé, dans un compartiment de
ce four, vient lécher les fragments de métal
qui arrivent bientôt au rouge blanc. Le cou-
rant d'air énergique qui maintient le tirage du
foyer, brûle tout le charbon contenu dans le
fer qu'un ouvrier remue sans cesse à l'aide
d'un long ringard. Lorsque l'*affinage* est terminée, la fonte est épurée, le charbon qu'elle
contenait est brûlé; ce n'est plus de la fonte,
mais bien du fer.

Avant de livrer toutefois ce fer au commerce, il faut lui faire encore subir quelques
opérations qui ont pour but de lui donner de la
compacité. On le bat d'abord, en le sortant du
four à puddler, sur l'enclume d'un puissant
marteau-pilon, qui fait sortir des pores de la
loupe incandescente les dernières traces de
laitier. Le lingot bien battu, on le passe à
travers les *laminoirs*, cylindres d'acier can-
nelés, placés horizontalement et mis en mou-

LE LAMINAGE DU FER. (P. 20.)

vement par le moteur de l'usine, et on obtient
des lames de fer de plus en plus minces. Ces
lames sont coupées en morceaux après leur
refroidissement, mises six par six en paquets
que l'on serre avec un fil de fer bien serré,
puis portées au *blanc soudant* dans un four.
Elles se soudent les unes aux autres, puis
après un dernier passage aux laminoirs, elles
sont livrées au commerce, sous forme de barres, de section circulaire ou prismatique. Cette
dernière opération se nomme le *corroyage*.

Afin de n'avoir point à revenir sur la question des traitements subis par les minerais
pour arriver à l'état métallique, je dirai aussi
comment on obtient l'acier.

L'acier n'est pas, à proprement parler, un
métal différent. C'est tout simplement du fer
très pur, contenant à peine 1 pour 100 de
charbon, tandis que le fer marchand en contient de 10 à 15 parties, qui lui restent malgré
l'affinage. Mais l'acier présente une propriété
spéciale qu'il a seul : si, après l'avoir chauffé
au rouge, on le plonge brusquement dans de
l'eau ou dans tout autre mélange réfrigérant,

il devient très dur et élastique, ce qui permet de l'employer à la fabrication des armes de toute espèce.

On connaît plusieurs sortes d'aciers : les aciers naturels, fondus, cimentés, puddlés et les aciers Bessemer. Les procédés de fabrication de l'acier reviennent à deux méthodes principales tout à fait différentes. La première, dans laquelle rentre la fabrication des aciers naturels, puddlés et bessemer, consiste à enlever à la fonte le charbon qu'elle contient, de façon à ne lui laisser que juste la quantité nécessaire pour former l'acier. La seconde, au contraire, ajoute une certaine quantité de charbon à du fer pur.

Actuellement, le procédé Bessemer est le plus répandu de tous : il permet d'obtenir d'un seul coup d'immenses pièces d'acier et à des prix assez bas pour pouvoir lutter avec le fer. On procède de la façon suivante :

On remplit une immense cornue en terre réfractaire doublée de tôle de fonte liquide et on fait arriver un jet d'air actif à travers cette masse en fusion. Cet air raffine la fonte en

brûlant le charbon qu'elle contient et en pro-
jetant les débris de laitier dans une cheminée,
placée au-dessus de la bouche du *convertisseur*
(c'est le nom de l'appareil). Lorsque l'opération est terminée, on fait basculer la cornue et
on la vide dans les moules disposés dans le sol.
Lorsque la pièce est refroidie, on la durcit en
la faisant rougir et en la trempant, soit dans
l'eau, soit dans l'huile ou le mercure.

C'est depuis l'invention de ce procédé, par
M. Henry Bessemer en 1850, que l'acier tend à
se substituer partout au fer, à cause de sa
résistance. Toutes les armes blanches et la
coutellerie sont en acier. Les rails de chemins
de fer, les arbres de couches des grands
navires à vapeur, toutes les pièces de mécanique se font maintenant en acier.

Mais au début de l'humanité, il n'en était
point ainsi ; le fer était à peine connu et les
premières armes, défensives et offensives,
furent très primitives.

En même temps que les peuples possédaient
l'arc et la fronde comme armes de jet, ils
avaient comme armes d'hast, la pique, le

javelot, la lance et le glaive, qui devait de-
venir plus tard le sabre et l'épée que nous
connaissons. Leurs instruments de défense
étaient le bouclier, le casque et la cuirasse.

De nos jours encore, ces armes sont celles
des sauvages de tous les pays. La forme et la
composition des arcs et des lances diffèrent;
tantôt le bouclier est métallique, tantôt c'est
une simple peau d'animal; mais la cuirasse et
les pointes des armes destinées à percer la
peau et les chairs sont toujours en matières
dures et résistantes; pierre, os ou métal. Ainsi
composées, les armes peuvent jouer leur rôle
meurtrier, aussi bien contre les animaux que
contre les autres hommes.

CHAPITRE II.

Les Armes blanches.

Nous venons de voir — ce qui était indispensable avant d'entrer de plain-pied dans notre sujet, — comment on obtient les matières premières, nécessaires à la confection des armes, de quelque nature qu'elles soient. Nous allons passer maintenant en revue toutes les armes blanches, c'est-à-dire celles qui servent dans le combat corps à corps, et forment la généralité des armes à main.

Il est certain — ce sont les savants qui nous l'affirment, — que la première arme de ce genre a été le couteau, dérivant du couteau de pierre de l'âge préhistorique. Le couteau primitif se composa d'une lame de métal emmanchée dans une poignée en bois. Tout d'abord cette lame fut en bronze, puis en fer, et ce n'est que depuis un siècle ou deux qu'elle

est en acier trempé. En augmentant les dimensions de ce couteau, on eut le glaive, puis le
sabre et l'épée.

Toutes les armes offensives des anciens
Egyptiens, des Grecs et des Romains étaient
donc d'abord en bronze. Ce métal, obtenu par
des procédés faciles, était suffisamment dur et
résistant; on l'employait à un grand nombre
d'usages. Ces peuples que nous venons de
nommer en fabriquaient non seulement leurs
armes, mais leurs outils et leurs instruments
d'agriculture ; ils en faisaient déjà des mon-
naies et ils l'utilisaient aussi pour en faire des
ornements artistiques et religieux; c'était sur
le bronze que l'on gravait le texte des lois, les
traités de paix et d'alliance. On couvrait même
de ce métal des monuments entiers. Disparu
avec la civilisation romaine, l'art de fondre
le bronze revint avec la Renaissance. Au
xvi⁰ siècle, le Primatice et Beuvenuto Cellini
parvenaient à couler d'un seul jet de grandes
statues, et Urbain VIII faisait élever en airain
le baldaquin de Saint-Pierre à Rome. En
France, ce métal se naturalisait aussi de son

HALLEBARDIER SUISSE.   (P. 27.)

côté : Louvois établissait les fonderies de l'Arsenal sous la direction des frères Keller, et l'on fabriquait avec cet alliage de grosses pièces d'artillerie pour l'armée.

Au moyen âge les armes blanches les plus en usage furent la hallebarde, la pique et la lance. La hallebarde, dont les Suisses savaient se servir à merveille — ceux qui paradent dans les églises l'ont même conservée, — la hallebarde était une grande plaque de fer, découpée à jour, échancrée en demi-lune, tranchante sur ses bords, aiguë à son extrémité et emmenchée au bout d'un long bâton. Il faut dire, pour éclairer complètement le lecteur sur l'origine de cette arme singulière, que les Chinois — qui nous ont précédés dans un grand nombre d'inventions, — connaissaient la hallebarde depuis un temps immémorial. Inutile de dire que la forme de la lame variait d'une arme à l'autre, et certains musées d'antiquités en possèdent dont les contours bizarres et tortueux sont vraiment étranges.

Les lances, les piques, les javelots et les

javelines se composaient toutes d'une lame triangulaire, aiguë et tranchante, renforçant l'extrémité d'une hampe en bois plus ou moins longues. Certaines lances avaient des hampes de plus de six mètres de longueur; quant aux javelines, qui étaient munies d'une corde pour les ramener après les avoir jetées dans la mêlée, leur longueur n'excédait pas un mètre.

Les fantassins, jusqu'au quatrième siècle de notre ère, demeurèrent armés de l'arc ou de la pique. La lance et le sabre étaient plutôt réservés aux cavaliers.

Pendant de longues années — on pourrait dire des siècles, — les fabriques d'armes les plus célèbres furent celles de Damas, de Tolède et de Crémone dont la réputation est venue jusqu'à nous. Aujourd'hui, les usines les plus importantes sont, en France, celles de Saint-Etienne, Charleville, Rouen, Châtellerault et Tulle, en Belgique celles de Liége et de Namur, en Angleterre Sheffield et Birmingham.

Le sabre et l'épée, qui sont deux armes différentes, ont souvent varié de forme. Chez les

LA LANCE. (P. 28.)

Gaulois, l'épée était longue et large et se ma-
niait souvent à deux mains, tandis que les Romains avaient une lame très pointue et moins
robuste. Au temps des croisades, l'épée des
chrétiens était droite, à poignée en forme de
croix, et tranchante des deux côtés. Du
deuxième au douzième siècle, l'usage fut, pour
les cavaliers de porter l'épée à gauche, et de
l'avoir à droite pour les troupes d'infanterie.

Le sabre, différant de l'épée par sa lame plus
ou moins courbe, fut moins utilisé que l'épée
par les anciens. Seuls, les Orientaux, les Turcs
et les Sarrasins, avaient des *cimeterres*, très
courbés et fort tranchants.

L'usage du sabre passa d'Orient en Allemagne vers le v⁰ siècle et il se répandit de là
dans toute l'Europe en subissant toutefois,
selon les époques et les peuples qui l'adop-
taient, de profondes modifications. Jusqu'au
milieu du xvⅢ⁰ siècle, l'infanterie française
demeura munie de l'épée ; les grenadiers seuls
portaient un sabre dont la lame mesurait près
d'un mètre de long. En 1747, le *sabre-briquet*
devint l'arme de main des artilleurs, des

sous-officiers d'infanterie et des soldats des
compagnies d'élite des troupes à pied. En 1831,
il fut supprimé et remplacé par le *sabre-poi-
gnard*. Enfin, depuis une vingtaine d'années
sa forme a encore été modifiée afin de pouvoir
s'adapter en guise de baïonnette à l'extrémité
du canon du mousqueton. La poignée est en
cuivre jaune; la garde, recourbée en forme
de *quillon*, porte une croisière et un anneau en
fer, jouant le rôle de douille ou d'*anneau* pour
laisser passage au canon. La lame, présente
l'aspect tortueux d'une lame de yatagan; elle
est robuste et tranchante à la fois.

Le sabre de la grosse cavalerie s'appelle
latte. Il est absolument droit, tranchant des
deux côtés et très-aigu. La garde ou poignée
est en cuivre jaune et se divise en trois pour
recouvrir et garantir parfaitement la main.
La cavalerie légère a un sabre courbe plus
léger et ayant une *coquille* large comme la
garde de la latte. Ce sabre est aussi celui de
l'artillerie montée, du train des équipages et
de la gendarmerie.

Parmi les armes blanches, servant plus par-

LA LATTE, ARME DE LA GROSSE
CAVALERIE. (P. 30.)

ticulièrement à l'armement des troupes, on ne
doit pas oublier de mentionner la *baïonnette*,
qui tire, comme on le sait, son nom de la ville
de Bayonne où elle fut d'abord fabriquée. Une
anecdote que nous allons reproduire, se rap-
porte à cette arme, qui est bien l'arme de pré-
dilection de l'infanterie française.

C'était dans les montagnes, — non pas dans
les Abbruzzes mais dans les Pyrénées. Le cré-
puscule commençait à assombrir les profondes
vallées et à couvrir comme d'un long crèpe les
flancs sinueux des pics et des rocs escarpés. Se
glissant sans bruit, dans les sentiers serpen-
tants, une troupe d'hommes muets, s'avançait
d'un pas hâtif. Tous ces hommes au teint
bronzé, aux membres musculeux, aux che-
veux noirs enfermés dans une résille, étaient
facilement reconnaissables. C'étaient des Basques, au pied sûr et agile, et exerçant le métier
de contrebandiers entre la France et l'Espagne. Ils étaient lourdement chargés de mar-
chandises de toutes sortes qu'ils allaient porter à Bayonne, par un chemin impraticable
pour tout autre qu'un Basque, et ils suppu-

taient, tout en marchant, le gain de leur aventureuse expédition.

La petite troupe, sortait d'une gorge profonde et obscure, taillée par la nature entre deux montagnes gigantesques, et elle n'avait plus que quelques pas à faire pour se trouver en territoire français, quand un cri bref retentit. Un détachement, au costume reconnaissable, était debout à l'entrée de la gorge.

— Les gabelous! dit le chef des contrebandiers.

— Ils ne nous tiennent point encore, répondaient les Basques. Plutôt que d'être pris ou de retourner en Espagne, battons-nous. Nous sommes nombreux, nous vaincrons!

— Rendez-vous! cria le capitaine des douaniers.

Une décharge de mousqueterie lui répondit; trois hommes roulèrent sur le sol, frappés à mort. Les douaniers ripostèrent et pendant plus d'une heure les solitudes pyrénéennes retentirent des éclats meurtriers de la poudre, des hurlements de colère des combattants et

LE SABRE-BAÏONNETTE EN 1866. (P. 34.)

des cris des blessés. Soudain les contrebandiers cessèrent le feu.

— Nous n'avons plus de munitions. C'est
fini! dit un Basque.

—Non, s'écria le chef, ce n'est pas fini!
Nous avons nos couteaux!

— Eh bien?

— Eh bien! lions-les solidement au bout de
nos mousquets, faisons-en des piques, et en
avant!

Les montagnards comprirent l'idée ingé-
nieuse de leur chef. En deux secondes, leurs
longues *navajas* furent emmanchées au bout
de leurs fusils et ils se précipitèrent en avant
avec d'horribles cris. Surpris par cette brus-
que attaque, les douaniers durent lâcher pied
et s'enfuir, le couteau dans les reins, et pour-
suivis par les Basques vainqueurs. L'histoire
eut un grand retentissement dans la province
et il y eut des gens pour admirer l'ingéniosité
déployée par les contrebandiers dans le but d'assurer à la réussite de leur sortie désespérée.
On imita même leur procédé à Bayonne; on
emmancha des couteaux et des épées à l'ex-

trémité des mousquets, et la *baïonnette* se
trouva inventée.

Depuis 1640, la baïonnette est en usage dans
toutes les infanteries d'Europe. C'est toujours
une lame robuste, de quarante à cinquante
centimètres de longueur, droite ou plus ou
moins courbée dans un sens et dans l'autre.
En France, les troupes de ligne ont un *sabre-
baïonnette* à peu près droit et qui se fixe à
l'aide d'une douille à ressort et de deux tenons,
au bout du canon du fusil. Les bataillons de
chasseurs à pied ont une *épée-baïonnette* triangulaire très aiguë, et les servants de l'artillerie montée un sabre-yatagan courbé, comme
nous le disions plus haut.

Nous terminerons cette étude des armes
blanches *à main* par la nombreuse famille des
haches.

La première arme humaine a été une hache
de pierre, d'abord faite d'un simple silex cassé
en deux pour présenter un côté tranchant.
Tous les peuples connaissent la hache, aussi
bien les plus sauvages que les plus civilisés;

GUERRIER FRANC ARMÉ DE LA FRANCISQUE.
(P. 35.)

on en a fabriqué en airain, en fer et en acier;
on en a varié la forme presque à l'infini.

Une des formes les plus singulières qui aient
été données à la hache est celle de la *francisque*, qui était, on s'en rappelle, l'arme caracté-
ristique des peuples francs : La francisque
avait un manche très court et possédait un fer
à deux taillants formant deux haches opposées
l'une à l'autre. La hache d'armes du moyen
âge avait un manche plus long et une pointe
opposée au tranchant.

De nos jours la hache, quoique portée par
les marins et les pompiers, n'est plus une arme
mais bien un outil pacifique. On s'en sert pour
fendre du bois, abattre des arbres, tailler des
moëllons et couper des pierres tendres.

Arrivons aux anciennes armes de jet.

Nous avons dit que les dards, javelots et
javelines très en usage chez les Grecs et les
Romains se lançaient de loin et se ramenaient
à l'aide d'une courroie qui y était attachée :
c'étaient donc des armes de jet. La fronde et
l'arc complétaient l'armement de ces peuples.

Au moyen âge, l'arc perfectionné devint l'*arbalète*.

L'arbalète, qui n'a pas changé de forme depuis son invention au xiᵉ siècle de notre ère, était formée d'une branche de métal flexible, quoique dur et résistant, aux extrémités de laquelle était attachée une corde, de nature végétale ou animale. Cette branche de métal est fixée en son milieu sur une pièce de bois, appelée *arbrier*, ayant une rainure dans une partie de sa longueur pour diriger la flèche; ce fût est terminé par une espèce de crosse que l'on appuie contre l'épaule en fixant le regard dans la direction de la rainure. A l'endroit de la plus grande tension de l'arc, il y a un crochet ou un tenon pour retenir la corde; la flèche est placée le long du fût, le *talon* appuyé contre la corde; puis lorsque l'on appuie sur une gâchette qui commande une détente par un simple levier, le crochet ou le tenon abandonne la corde qui reprend brusquement sa position naturelle sous la fraction de l'arc et projette la flèche au loin avec une grande rapidité.

ARBALÉTRIERS. (P. 36.)

CRANEQUINIER. (P. 37.)

Les archers, ou mieux arbalétriers du
moyen âge, bandaient leur arme, soit avec la
main, soit avec le pied en tendant la corde jusqu'à ce qu'elle butât contre le crochet d'arrêt,
ou bien, quand l'arc était par trop rigide, avec
un moulinet, ce qui était plus long. Quelquefois, le moulinet était remplacé par un *cranne-*
quin, sorte de pied de biche, engrenant avec
une crémaillère, et les hommes d'armes qui
étaient munis de cet appareil étaient appelés
cranequiniers.

On attribue l'invention de l'arbalète aux
Phéniciens, mais cependant ils ne paraît pas
que les Romains aient connu cette arme, à
moins toutefois qu'on ne confonde l'arbalète
avec la *manubaliste* ou *baliste* à main, dont ils
faisaient usage. Quoi qu'il en soit, l'arbalète
ne pénétra en France que sous Louis-le-Gros,
et ce fut Philippe-Auguste qui créa les premières compagnies d'arbalétriers connus dans
notre pays. Ces soldats lançaient, comme nous
le verrons dans un instant, des projectiles
carrés et barbelés (carreaux et barbillons) sur
l'ennemi, et ils jouèrent un rôle important lors

de la bataille d'Hastings, qui décida du sort de l'Angleterre au XI². siècle. Les arbalétriers ne furent entièrement supprimés que quatre cents ans plus tard, sous le règne de Henri II, et à cause des progrès accomplis à cette époque par les armes à feu portatives.

Les anciens — les Romains principalement, — faisaient usage dans les siéges, de puissantes machines à lancer des projectiles. Les plus usitées étaient la baliste, la catapulte et l'ouagre qui repoussaient au loin des flèches, des pierres et des feux grégeois incendiaires, le tout avec une puissance de projection vraiment considérable. Des balistes de grandes dimensions furent employées lors de plusieurs siéges fameux, notamment à Carthage; elles disparurent lors de l'invention de la poudre à canon.

Les projectiles des arbalètes et autres machines de jet étaient les plus souvent des flèches fort pesantes qu'on appelait *tragules* et *phalariques*. Au moyen âge, les archers génois et anglais, qui paraissent avoir eu la supériorité dans le maniement de l'arbalète, don-

ARCHERS ANGLAIS AU MOYEN AGE. (P. 38.)

naient différents noms aux flèches dont ils se servaient, d'après les particularités présentées par ces projectiles. Ils les appelaient *sagettes*, *passadour, élingues, dardes, gonigons, soignol les, pannons, raillons, barbillons, frètes,* etc. La plupart étaient munies de plumes d'oiseau au *talon* pour fendre l'air plus facilement, certaines étaient munies d'un fer aigu, carré ou barbelé, mais aucune n'était empoisonnée.

Chez les anciens, les Numides, les Scythes, les Parthes, les Tyriens et les Baléares excellaient au tir des flèches. Tous les Barbares, sauf les Francs, savaient aussi darder au loin les javelines et les flèches. Enfin, de nos jours, l'arc et la flèche, sont, comme la lance, les moyens d'attaque de tous les sauvages.

CHAPITRE III.

Les Armes à feu portatives.

L'origine réelle de l'invention de la poudre à canon se perd dans la nuit des temps et il a été reconnu que c'était à tort que certains auteurs, trompés par diverses coïncidences, avaient attribué cette découverte à un moine Allemand du nom de Berthold Schwartz. Cette histoire peut être mise au même rang de légende que celle de Salomon de Caux, enfermé comme fou à Bicêtre pour avoir inventé la machine à vapeur; ce n'est ni plus ni moins qu'une légende.

Il paraît certain, en effet, que les Chinois connaissaient la poudre à canon plusieurs siècles avant notre ère. Ce fut des peuples d'O-rient que les Romains apprirent la pyrotechnie ou art des feux d'artifices dont ils faisaient un grand usage au ive siècle lors de leurs représentations théâtrales. C'est également des Chinois que Callicus, architecte d'Hiéropolis, reçut la composition fusante appelée *feu grégeois* qu'il apporta aux Grecs en 673.

Pendant de longues années, le feu grégeois, qui était une composition de soufre, de salpêtre et de charbon analogue à la poudre à canon actuelle, fut simplement employé comme moyen d'incendie. On projetait au loin, à l'aide de balistes ou de catapultes, des tonneaux remplis d'un semblable mélange préalablement enflammé, sur les maisons des villes assiégées et il paraît que ce fut longtemps un des principaux moyens employés par les armées pour l'attaque et le siége des villes fortifiées.

La composition des feux grégeois et, par suite, de la poudre, dont les effets explosifs furent révélés plus tard, demeura secrète pendant tout le moyen âge. Albert-le-Grand et Roger Bacon connaissaient notamment les proportions du mélange et ce fut une des raisons qui leur fit attribuer, plusieurs siècles plus tard, la gloire très-contestable de cette invention, qui a fait beaucoup plus de mal que de bien à l'humanité.

Aussitôt que la force expansive des gaz développés par la combustion instantanée d'un mélange de soufre, salpêtre et charbon pulvérisés, eut été reconnue, ce qui ne paraît avoir eu lieu qu'accidentellement au treizième siècle, on eut l'idée de l'appliquer à l'art de la guerre.

Il serait probablement fort intéressant de suivre pas à pas les premiers développements de cette application, mais les documents font absolument défaut. Les premiers essais de la poudre à canon et de l'artillerie en tous genres ne sont pas parvenus jusqu'à nous. On ne peut donc guère affirmer que ce qui suit :

Dans les premiers temps de l'utilisation de la poudre à canon pour les besoins de la guerre, les armes à feu portatives se confondaient avec les pièces d'artillerie, ou plutôt, à proprement parler, il n'y avait ni armes portatives ni pièces massives, mais des armes mixtes. La première arme de ce genre fut un canon à main, datant du milieu du xive siècle et dont on a re-

trouvé la description dans quelques manus-
crits italiens, puis vinrent les *sclopo*, canons
plus petits, à la gueule évasée, et d'où est venu
le nom d'*escopette*. Les cavaliers en étaient
munis au xve siècle et y mettaient le feu au
moyen d'une mèche.

On voit encore, au Musée d'Artillerie de
Paris, plusieurs échantillons de *couleuvrines à
main*, dont le plus simple est un canon en
bronze, de 0 m. 90 de long, muni d'une longue
crosse recourbée et auquel on mettait le feu
au moyen d'un bassinet rempli de poudre. Mais
l'emploi de cette arme devait être impossible,
dans un grand nombre de circonstances par
suite de son poids et des manœuvres difficiles
et ennuyeuses du chargement. Il fallait l'ap-
puyer pour le tir sur une fourche plantée dans
le sol, ce qui obligeait les hommes qui en
étaient armés d'avoir à leur solde des *goujats*
et des *varlets* pour porter cette *fourquine*. De
plus, en raison de leur mauvaise fabrication,
ces couleuvrines éclataient fréquemment.

C'est à l'Espagne que l'on doit le premier
perfectionnement qui fut apporté aux armes à

5

feu portatives et c'est dans cette nation que
furent inventées les *arquebuses* dont le succès
meurtrier coûta la liberté à François Iᵉʳ et la
vie à la noblesse française le jour de la désas-
treuse bataille de Pavie.

Les premières arquebuses, dites *à mèche*
mettaient automatiquement le feu à la poudre
contenue dans le bassinet, tandis que le soldat
n'avait qu'à ajuster tranquillement et sans se
presser, au moyen d'une pièce principale : le
serpentin, pince longue et recourbée à laquelle
la mèche était attachée. En tirant la gâchette,
on faisait arriver sur le bassinet, petit godet
contenant la poudre d'amorce, ce serpentin
ainsi que la mèche allumée qui mettait le feu
à la poudre. C'était l'embryon de nos carabines
modernes.

Le premier perfectionnement qui fut apporté
à cette arme consista dans la suppression de
la mèche qu'il fallait remplacer à chaque coup
tiré et mesurer rigoureusement, ce qui s'appelait *compasser la mèche*, et son remplacement
par une *platine à rouet*, en alliage de fer et
d'antimoine qui produisait la déflagration de

ARQUEBUSIER SOUS HENRI IV.

(P. 44.)

la poudre d'amorce par les étincelles qu'elle projetait en frottant contre une petite roue d'acier cannelée sur son pourtour, et animée d'un vif mouvement de rotation par l'action d'un ressort intérieur et d'une détente. La pierre ou la pièce métallique était fixée entre deux plaques de fer dont l'ensemble fut appelé *chien*, parce qu'il figurait grossièrement la mâchoire de cet animal. Lorsque le chien était abattu sur la roue d'acier, il était maintenu dans cette position par un ressort coudé, qui déterminait un frottement très-énergique de la pierre ou de la pièce métallique contre l'acier et donnait lieu à la production d'étincelles dont l'effet était d'enflammer la poudre contenue dans le bassinet.

Ce perfectionnement fut apporté à l'arquebuse vers le milieu du xv° siècle en Allemagne. Il permettait de dispenser les soldats de porter constamment sur eux du feu, source continuelle d'accidents ; et le vent et la pluie étaient sans action sur le jeu de l'arme. Malheureusement ces avantages étaient compensés par de graves inconvénients provenant de la construction grossière des pièces délicates de l'appareil qui se détraquait très facilement. Cela fit conserver longtemps la faveur à l'arquebuse à mèche, cependant plus rudimentaire que l'arme allemande.

Vers le xvi° siècle apparurent les premiers *mousquets*, différant des arquebuses surtout par la forme de la crosse qui était presque droite au lieu d'être fortement recourbée, mais qui se tiraient comme l'arquebuse en se posant sur une fourquine. Le canon de ces armes était très-long pour obtenir une portée plus grande, ce que l'on croyait alors absolument nécessaire, dans l'ignorance où l'on était alors des lois les plus simples de la balistique.

Cependant, à la longue, on parvint à faire les mousquets assez légers pour pouvoir supprimer cette fourquine si gênante et les épauler franchement. On les donna alors aux cavaliers qui furent nommés *mousquetaires*. Les premières troupes ainsi armées, furent celles d'Espagne.

Les progrès de l'armurerie continuaient. Après le mousquet, arme encore bien lourde

MOUSQUETAIRES SOUS LOUIS XIV.   (p. 46.)

pour la cavalerie, on inventa le pistolet, et les
rustres allemands furent les premiers soldats
pourvus de ce diminutif. Le système d'amor-
çage se produisait toujours par le choc d'une
pierre sur un morceau d'acier, jouant le rôle
de briquet ou par le contact d'une mèche
allumée sur la poudre du bassinet. Nous pos-
sédons plusieurs spécimens de ces anciennes
armes, très curieuses et ornementées avec
beaucoup de soin, datant de l'époque de Charles-Quint. Le calibre en est relativement très
fort. On tirait à *balle forcée* avec des balles de
plomb, de cuivre ou de fer.

Ce fut au commencement du xvii° siècle que
le *fusil à silex* apparut. Les miquelets espa-
gnols furent les premiers à s'en servir. La
nouveauté du système consistait dans le remplacement de la platine à rouet, par un silex
(pierre à fusil) serré entre les mâchoires d'un
chien spécial et qui s'abattait, sous la pression
d'un ressort, mis en jeu par une détente, contre une pièce d'acier, nommée *batterie*, et qui
servait aussi de *couvre-bassinet* hermétique. Au
moment du choc, une étincelle jaillissait et,

comme le couvre-bassinet était entr'ouvert, la
poudre d'amorce s'enflammait immédiatement
et communiquait le feu à la charge en passant
par une *lumière* percée dans le canon. Ce sont
de semblables fusils que sont armés encore
actuellement un grand nombre de peuples
arriérés, tels que les Arabes, par exemple.

L'adoption de la baïonnette fit beaucoup
pour l'introduction du fusil à pierre dans des
armées européennes, au xvii° siècle. Dès lors,
chaque soldat valut deux hommes, étant muni
d'une arme de jet et d'une arme d'hast et rem-
plaçant un mousquetaire et un piquier. Des
compagnies de *fusiliers* furent organisées, et
au xviii° siècle, les arquebuses devinrent des
objets de Muséum.

C'est d'ailleurs là l'histoire de toutes les inventions humaines. Un chercheur sagace
vient, travaille, pense et entrevoit vaguement
un perfectionnement à l'état de choses auquel
on est habitué. Il est traité de rêveur, quand
ce n'est pas de fou par les gens pratiques qui
sourient en haussant les épaules. Si l'amélio-
ration entrevue, s'exécute, on trouve la chose

MOUSQUET ET FOURQUINE.

FUSIL DE VAUBAN. (P. 48.)

toute naturelle, mais presque toujours celui qui a eu la première vision de ce progrès est oublié et n'en profite pas. Enfin vient un autre inventeur qui fait mieux et l'invention précédente à laquelle on est habitué, est mise au rebut et ainsi de suite.

Au début de l'emploi des armes à feu portatives dans l'art de la guerre, les soldats allaient puiser leurs munitions dans un baril plein de poudre placé près d'eux. Mais on comprend bien que cette matière rudimentaire et dangereuse de puiser à même, ne tarda pas à être supprimée. On mesura les charges d'avance et on les enferma dans des étuis de bois dont chaque soldat avait une douzaine. Puis, le nombre de coups à tirer par chaque homme devenant trop restreint, on imagina, par un perfectionnement très simple, la cartouche en papier et la giberne pour les porter aisément.

L'invention des amorces fulminantes n'arriva que longtemps après. Les premières recherches dans ce sens furent entreprises par Fourcroy, Vauquelin et Berthollet en 1788, et ce ne fut qu'au commencement du xixᵉ siècle

que l'on commença à en munir les armes à feu
portatives, et la première application qui en
fut faite est due à un armurier écossais Forsyth
qui créa le fusil, dit à *percussion*.

Après Forsyth, Pauly, armurier génevois,
inventa un fusil du même genre, se chargeant
par la culasse et dans lequel la cartouche portait une amorce en fulminate de mercure qui
prenait feu, sous le choc d'une petite tige de
fer que la détente lançait en avant. Cette arme
qui obtint un certain succès vers 1810 ouvrait
la voie aux inventeurs futurs et, dès l'année
suivante, la capsule en cuivre rouge contenant
la composition fulminante servant d'amorce,
était inventée.

C'est vers 1825 que se fit jour l'idée du fusil
rayé. Déjà depuis longtemps en Allemagne —
cette nation a toujours accompli les premières
découvertes et les premiers progrès dans l'art
de tuer son prochain, — on faisait usage d'armes rayées de petit calibre et à faible portée,
auxquelles on avait donné le nom spécial de
carabines, mais sans que le cercle de leur
application se fût beaucoup étendu. On revint

donc à cette idée et on pratiqua à l'intérieur des canons des sillons d'abord parallèles, puis inclinés en hélice et destinés à conduire le projectile en empêchant le *vent* et à donner à la balle un mouvement de ratation très vif. Les premiers pas dans cette voie furent accomplis par M. Delvigne, capitaine d'infanterie et de Pontcharra, lieutenant-colonel d'artillerie. La question était difficile à résoudre et ce ne fut qu'après de longues années de recherches assidues que l'on constata que le projectile le meilleur était la balle cylindro-ogivale en plomb, ne basculant pas en l'air pendant sa trajectoire, par suite du mouvement de rotation qui lui était communiqué par les rayures, et frappant toujours le but par la pointe.

Vers la même époque se produisirent plusieurs améliorations dans le système de chargement par la culasse déjà tenté sans grand succès en 1812 par Pauly. Les meilleurs types de cette catégorie sont ceux imaginés par MM. Gastine-Renette, Fauré-Lepage, Galaud et Lefaucheux, armuriers parisiens. Nous décrirons principalement ce dernier système,

notablement perfectionné d'ailleurs depuis son
apparition et employé surtout pour les armes
de chasse.

Dans ce système, le canon est à bascule,
c'est-à-dire qu'il s'abat perpendiculairement
en restant toujours dans le plan vertical de
tir. Tandis que la crosse et la monture restent
fixes, l'extrémité du canon s'abaisse et la
culasse se relève, laissant le tonnerre à découvert pour recevoir la charge. On détermine ce
mouvement en tirant sur la droite le soutien
des canons qui forme une sorte de verrou ; en
ramenant ce verrou, on redresse les canons
qui reprennent leur position normale. Alors
une encoche entrant dans une entaille spéciale
reçoit ce verrou et assure d'une façon inébranlable la position des canons.

Quand on veut tirer, on place dans le canon
la cartouche qui se compose d'un culot en
cuivre dans lequel s'engage un étui en carton. Cette cartouche produit l'obturation complète de l'arme, grâce au culot qui, par l'action des gaz de la poudre, se trouve projeté à
la partie postérieure du tonnerre, la bouche

hermétiquement en raison de l'élasticité du cuivre, et ferme ainsi toute issue aux gaz. L'étui de carton a pour but d'empêcher l'encrassement des canons.

Le fusil Lefaucheux à bascule et cartouches métalliques Givelot, ainsi que toutes les armes du même genre qui en sont dérivées, sont d'excellents fusils de chasse, mais leur usage présenterait de nombreux inconvénients pour la guerre où il est de toute nécessité de pouvoir recharger tout en maniant la baïonnette. On a donc été amené à inventer de nouvelles dispositions dans lesquelles le canon et la crosse restent invariablement liés l'un à l'autre pendant la charge comme pendant le tir. Les meilleurs systèmes sont ceux de Dreyse (fusil à aiguille prussien), de Chassepot et de Gras dont sont armées les infanteries européennes actuelles.

Les premiers essais du fusil à aiguille remontent à l'année 1827 et ce fut en 1846 qu'il fut adopté par la Prusse. Dans ce système, l'inflammation de la charge est obtenue au moyen d'une *aiguille* qui traverse la cartouche

6

pour aller frapper une pastille fulminante placée au haut de cette cartouche. Le canon est joint à l'extrémité antérieure d'une forte douille, dans laquelle peut glisser la culasse mobile, munie d'une forte poignée qui passe à travers une ouverture de la douille, disposée comme l'entaille de la douille d'une baïonnette. Cette poignée permet de porter la culasse en arrière, afin de démasquer le tonnerre. On introduit alors la cartouche dans l'extrémité postérieure du canon, et on referme ensuite en poussant la poignée en avant. Par ce mouvement, la culasse mobile vient s'appliquer contre la chambre fraisée de l'arrière du canon, dans laquelle se place la cartouche. La poignée étant ensuite tournée dans l'entaille, de gauche à droite, la culasse se trouve parfaitement serrée contre le canon.

C'est dans la culasse que se trouve le mécanisme destiné à produire l'inflammation de la charge et qui se compose d'un simple ressort à boudin qui, en se débandant sous l'effet d'une détente, laisse échapper l'aiguille qui va frapper avec force la cartouche qu'elle traverse.

Le fusil Dreyse est rayé intérieurement et il porte efficacement jusqu'à douze cents mètres. Son projectile est une balle en plomb cylindro-ogivale du poids de 31 grammes, chassé par une charge de poudre de 6 grammes. L'arme pèse 5 kilogrammes (modèle de 1862).

La campagne de Bohême et les victoires de la Prusse sur l'Autriche, ayant prouvé d'une façon foudroyante la supériorité des armes à aiguille sur les autres systèmes, les autres nations s'empressèrent de réformer leur vieux matériel et de construire des fusils du même genre. Ce fut alors que fut créé en France le système Chassepot, dit ordinairement *modèle* 1866, aujourd'hui réformé et remplacé par le système Gras, beaucoup plus perfectionné. Cependant le Chassepot était déjà un perfectionnement très sensible, au point de vue de la solidité, de la simplification et du poids, qui n'était plus que de trois kilogrammes.

Dans cette arme, un fort ressort à boudin commande l'aiguille destinée à enflammer la charge par son choc, contre l'amorce fulminante de la cartouche. Ce ressort s'arme en

tirant en arrière la culasse mobile, au moyen
d'un levier, placé à angle droit. Le tonnerre
étant alors ouvert, on y introduit la cartouche
et l'on repousse la culasse en rabattant le
levier à gauche dans une échancrure disposée
à cet effet. Le canon, dont le calibre est de
11 millimètres, porte 4 rayures hélicoïdales.
Grâce à l'absence de toute déperdition de gaz,
ces rayures conservent tout leur effet, et font
de l'arme une véritable carabine.

Le fusil Chassepot a été modifié en 1874,
avons-nous dit, et actuellement c'est le système de chargement de M. Gras qui est appli-
qué à tous les fusils français. Dans ce nouveau
modèle, l'aiguille si fragile du chassepot est
remplacée par un robuste percuteur en acier
dont la pointe ne dépasse que de très peu le
fond de la cuvette de la tête mobile. Le chien
possède deux crans : le premier, dit de *sûreté*
pour l'arme chargée ou au repos et l'autre,
dit de l'*armé* quand on veut tirer. Le canon
est rayé, comme dans le Chassepot, et la balle
se trouve forcée dans les rayures, ce qui lui
donne un mouvement de rotation l'empêchant

de dévier dans sa route ou de basculer en l'air.

Avec le fusil Gras, on peut tirer, sans viser, 15 coups par minute et 10 en visant. Il porte à douze cents mètres plus sûrement que l'ancien modèle ne portait à 800. A cette distance, un homme quelque peu exercé met 36 balles sur 100 dans la cible. Une armée de 20,000 hommes munie de cette arme pourrait tirer par minute 300,000 coups de feu, et coucher à terre cent mille ennemis, si le tir du champ de bataille était aussi précis que le tir à la cible.

On a essayé aussi, mais sans grand succès, il faut l'avouer, de donner aux armées des *fusils à répétition* permettant de tirer de 20 à 25 coups par minute. Dans les principaux modèles imaginés, les cartouches sont renfermées dans un *magasin*, dissimulé dans la crosse ou sous les canons. Par un dispositif automatique quelconque, aussitôt qu'un coup de feu est tiré, la douille vide de la cartouche est évacuée de la chambre à balle et remplacée par une cartouche pleine. Mais ces systèmes présentent de graves inconvénients : en voulant emmagasiner trop de coups dans l'arme, on l'a rendue pesante et peu maniable; de plus, le système de gravité change à chaque coup tiré, et la complication du mécanisme rend susceptible de nombreuses réparations de système tout entier.

Les fusils à répétition sont d'origine américaine, et les premiers modèles connus furent ceux imaginés par MM. Spencer et Winchester, dont le succès fut assez grand. Actuellement, on parle beaucoup en Europe du fusil Kropatchek, perfectionnement du fusil à répétition, mais dont l'usage est encore des plus restreints.

Après les armes à répétition viennent naturellement les *revolvers*, dont l'idée est très ancienne, puisqu'on voit au Musée d'artillerie de Paris des armes tournantes à mèche et à rouet, et à celui de Bruxelles des fusils à cinq coups remontant à l'année 1600. Mais cette idée ne fut réellement mise à exécution d'une façon sérieuse qu'au commencement de notre siècle par les armuriers Lenormand, Mariette et Devismes.

Le revolver est basé sur un principe absolument différent de celui des armes à répétition ordinaires, possédant un magasin de cartouches, se plaçant automatiquement dans le tonnerre. Il est basé au contraire sur celui de la révolution, autour d'un axe commun, d'un certain nombre de tubes, portant chacun une cartouche. Ces tubes viennent se placer successivement devant l'âme en formant son tonnerre.

Le revolver, ainsi que son nom l'indique, nous vient d'Amérique où il fut perfectionné par le colonel Colt en 1835. Mais il est juste de revendiquer la première idée pour l'Europe où, à son début, cette arme n'eut aucun succès et où, aujourd'hui, elle n'en a que trop, hélas!

Citons, dans cette voie des revolvers ou armes de poche à répétition, le nom de quelques inventeurs, tels que MM. Galaud, Le Mat, Lefaucheux qui ont imaginé ou construit différentes variétés de revolvers.

Parmi les armes à feu de poche, on peut aussi considérer les modèles créés par quelques inventeurs fantaisistes, tels que le *Protector*, sorte de boîte circulaire en acier recouvert d'ébonite, de laquelle sort un petit canon et un levier-poignée et que l'on tient à pleine main comme l'arme appelée *coup-de-poing amé-ricain*. On charge la boîte en y emmagasinant, par une petite porte ménagée dans la paroi, de petites cartouches en cuivre surmontées de balles grosses comme des têtes d'épingles et, pour faire feu, on n'a qu'à presser la boîte dans la main, de telle façon que le levier se rapproche de la boîte et actionne le barillet et le système de percussion.

Mais cette invention est loin de valoir, comme précision et efficacité, le revolver, dont la justesse est quelquefois très grande, dans un périmètre de cinquante à soixante mètres. La cavalerie, la gendarmerie, l'artillerie, les officiers d'infanterie en France sont munis de cette arme (modèle 1876) qui a remplacé avec avantage le vieux pistolet d'arçon, employé jusqu'à la fin du dernier empire par les troupes que nous venons d'énumérer.

———

CHAPITRE IV.

Fabrication des armes à feu portatives.

Les canons des fusils de guerre (système Gras) sont en acier fondu et forgé. Lorsque la barre destinée à la fabrication d'un canon est forgée, on la monte sur une machine à forer chargée de percer le trou qui doit former l'âme du fusil. Pour cela, la barre d'acier est fixée verticalement sur un plateau horizontal qui lui communique un mouvement de rotation autour d'un axe vertical. Au-dessus d'elle se trouve un foret qui ne tourne pas mais descend peu à peu. La barre d'acier tournant au contact de ce foret se creuse d'une manière régulière. Un filet continu d'eau de savon coule sans cesse sur le métal, l'empêche de s'échauffer et facilite le glissement. A mesure que le forage avance, on change les forets. Une même machine peut percer trente-six canons par jour.

Au forage, succède l'*alésage*, qui a pour but de donner au canon le diamètre intérieur qu'il doit avoir. Cette opération s'exécute aussi à l'aide d'une machine. Le canon est monté horizontalement sur un chariot qui le porte à la rencontre d'un foret ou alésoir, taillé en lime et animé d'un mouvement de rotation ; à mesure que ce mouvement le fait pénétrer dans l'âme du canon, le foret en alèse les parois. Chaque fois que l'alésage a augmenté le diamètre d'un dixième de millimètre on fait passer une mèche lisse. Puis on remet le canon aux mains du *dresseur*, qui, à l'aide d'un marteau le rend parfaitement droit. Il se guide pour son travail sur la réflexion de la lumière à travers ce canon parfaitement poli et exécute son travail avec une justesse vraiment merveilleuse.

Le canon bien dressé, on le travaille extérieurement pour le transformer en prisme à facettes, on le passe sur la meule et on le polit.

Les canons de fusil obtenus par la méthode de forage que nous venons de décrire, sont naturellement plus solides que les canons des armes de chasse qui sont fabriquées en suivant des procédés absolument différents.

L'armurier prend une plaque de fer très doux et sans *pailles ;* il la chauffe et la martèle pour lui donner une forme demi cylindrique et une épaisseur régulière, puis la pièce étant portée à la température du blanc soudant, il la soude en la frappant à coups redoublés sur un mandrin composé d'une barre de fer. D'autres fois l'armurier enroule en spirale sur un moule une ou plusieurs bandes de fer ou d'acier de manière à avoir un tube formé par la juxtaposition des spires ainsi obtenues. On chauffe au blanc ce tube et on le martèle pour souder ensemble les bords contigus des spires.

Les canons de fusil, dits en *acier damassé,* sont fabriqués suivant une méthode analogue, seulement le métal destiné à leur fabrication est préparé spécialement. Pour cela, on prend des bandes d'acier et de fer très-minces, on les superpose en les alternant ; puis, après les avoir chauffées, on les soude bord à bord par le martelage. On obtient ainsi une plaque métallique formée de bandes alternatives de fer

et d'acier ; on la réchauffe, on la tord sur elle-
même à plusieurs reprises, et on l'étire en un
ruban que l'on enroule et dont on soude les
spires comme ci-dessus. On peut dire que l'acier
damassé est fabriqué en quelque sorte par le
pétrissage de bandes de fer et d'acier alter-
nées.

Les canons forgés et soudés sont ensuite
alésés, dressés et polis par des moyens analo-
gues à ceux employés dans les manufactures
d'armes de guerre, puis montés sur des crosses
en bois verni.

Pour avoir un profil uniforme pour tous les
fusils d'un même régiment, on a remplacé le
travail manuel par le jeu d'une machine et tous
les bois de fusil (fût et crosse) destinés à l'armée, sont faits automatiquement par une machine appelée *machine à copier*. C'est plus rapide, plus régulier et surtout plus économique
que le travail à la main.

Le principe de la machine à copier est
celui-ci :

C'est un tour en l'air sur lequel sont montés
côte à côte un modèle de bois de fusil en acier

trempé et un morceau de bois dégrossi. Le
modèle et la bille de bois tournent ensemble
et un galet frotte pendant ce mouvement sur
le modèle en en suivant exactement tous les
contours. Ce galet commande un porte-burin
dont la lame appuie sur la bille de bois et par
suite reproduit tous les mouvements qui lui
sont transmis, appuyant sur le bois à certains
moments et n'attaquant pas la fibre à d'autres.
Par suite de cet artifice mécanique, toutes les
saillies et tous les creux du modèle en acier
sont reproduits sur le morceau de bois, qui
finit par prendre la forme régulière d'une
crosse de fusil. On la polit à la main et la rainure, tracée par une machine, il ne reste plus
qu'à placer les anneaux, le système de détente
et la sous-garde ou *pontet*.

Tels sont les principaux travaux nécessités
pour la fabrication des armes à feu portatives,
pour la guerre et la chasse.

CHAPITRE V.

Les Armes défensives.

Arrivons-en maintenant aux armes défensives.

Ces armes, qui ont été inventées exclusive-
ment pour la lutte corps à corps des hommes
les uns contre les autres, sont les habits de
métal, cottes et cuirasses, les coiffures également métalliques et les boucliers.

La cuirasse a certainement été l'armure la
plus anciennement inventée. Il en est souvent
question dans la Bible ; les Perses s'en servaient, ainsi que les Grecs et les Romains.
Selon les anciens historiens, les Gaulois auraient
été le premier peuple qui aurait porté des cuirasses en fer ; avant eux elles étaient en feutre
en cuir, en lames ou en écailles, de cornes ou
d'airain. Abandonnée vers 380 par les Romains et les Byzantins, la cuirasse fut reprise

BOUTIQUE D'ARMURIER AU XVIe SIÈCLE. (P. 67.)

par les Francs au commencement du ix⁰ siècle

La cuirasse devint alors un véritable corset en métal battu, cuivre, bronze ou fer, formé de deux plaques distinctes, appelées, l'une *plastron*, *pectoral*, *mammelière*, l'autre *dossière*, *huméral* ou *musquin*, et s'ajustant ensemble au moyen d'épaulières et de courroies. Les meilleures cuirasses étaient fabriquées à Milan et beaucoup de troupes à pied en étaient munies. Les archers avaient le *halcret* et les piquiers le *corselet*. De nos jours, il n'y a plus que quelques corps de grosse cavalerie qui soient armés de la cuirasse, d'aluminium ou d'acier.

Au moyen âge, la cuirasse fut remplacée par la cotte de mailles qui était une espèce de chemise faite de petits anneaux de fer. Cette cotte, qui s'appelait aussi *jaque*, *jaquette*, *golette*, *jaseran*, se passait par-dessus les vêtements de drap et descendait jusqu'à mi-cuisse. Le *haubert* était une cotte semblable, protégeant aussi les bras et les jambes et que les seuls chevaliers avaient le droit de revêtir.

Les armures complètes en métal furent en usage chez les Grecs, chez les Romains et, en

France, jusque sous le règne de Louis XIV. Il
fallait être d'une force peu commune pour
combattre, ainsi bardé de fer et équipé, avec
un poids de ferraille de plusieurs kilogrammes
gênant chaque articulation. L'armure de
François Iᵉʳ, roi de France que l'on admire
au Musée d'Artillerie, nous fait comprendre
ce qu'étaient les luttes, dans ces temps éloi-
gnés et quelle vigueur il s'agisssait d'y dé-
ployer. Aussi, quand un chevalier était tombé
de cheval ou renversé sur le sol, ne pouvait-
il plus se relever tout seul, et souvent le combat finissait ainsi faute de combattants, — ceux-
ci jonchant le sol sans aucunement pouvoir se
relever.

L'armure complète se composait : d'abord
de la cuirasse formée d'un seul morceau et
emboîtant le torse tout entier, du cou jusqu'à
la ceinture, des brassards et gantelets, des
cuissards, genouillères et jambarts dont le
nom indique l'utilité. Les brassards couvraient
et protégeaient les bras, depuis les épaulières
jusqu'au gantelet; ils se composaient de deux
pièces solides en forme de tuyau réunis, soit

IL FALLAIT ÊTRE D'UNE FORCE PEU COMMUNE. (P. 68.)

par une *cubitière*, pièce assez compliquée, souvent armée d'une pointe aiguë, soit par de petites lames superposées, appelées *goussets* et articulés comme l'enveloppe osseuse des crustacés. Les brassards se terminaient par des gantelets qui recouvraient les mains et se composaient de peau très solide sur laquelle étaient fixées de petites lames d'acier ou de fer en forme d'écailles. Les cuissards formaient le prolongement inférieur de la cuirasse et protégeaient la partie extérieure des cuisses : ils étaient faits de bandes de fer mobiles, appelées *tassettes*, articulées et appliquées sur une épaisse peau de buffle. Ils se joignaient à leur partie inférieure avec les jambières, par l'intermédiaire de genouillères, ordinairement formées de deux pièces mobiles autour d'une charnière à coin tranchant et muni d'une pointe aiguë. Enfin les pieds étaient également défendus par des souliers fortifiés, comme les gantelets et munis de longs éperons, pour activer les mouvements du cheval, protégé, lui aussi, par plusieurs pièces de métal.

La batterie de cuisine d'un cavalier était

complétée par le casque, armet, salade ou
beaume, suivant l'époque.

L'invention du casque remonte aux époques
les plus reculées; on trouve cette armure
décrite dans Homère, dans les plus anciens
poèmes de l'Orient, et représentée dans les
bas-reliefs de Ninive et de Memphis. Les cas-
ques des Assyriens et des Persans n'emboîtaient
que le haut de la tête, et rappelaient la forme
de la tiare; ceux des Grecs et des Romains,
bien connus de tous, étaient ornés de crins de
cheval, et ne diffèrent guère que par la jugu-
laire. Ce fut surtout au moyen âge que le casque fut employé. On donnait le nom de beaume
à celui qui cachait, non-seulement la tête,
mais le visage tout entier et le cou, et se ratta-
chait par un *gorgerin*, articulé au haut de la
cuirasse. La salade, l'armet, le morion et le
bacinet protégeaient aussi la figure tout entière de celui qui les portait. Des grilles étaient
ménagées au milieu de ces boules de métal,
ornées de longues plumes, pour permettre aux
chevaliers qui en étaient coiffés, de respirer
et de voir clair pour se conduire. Quelquefois

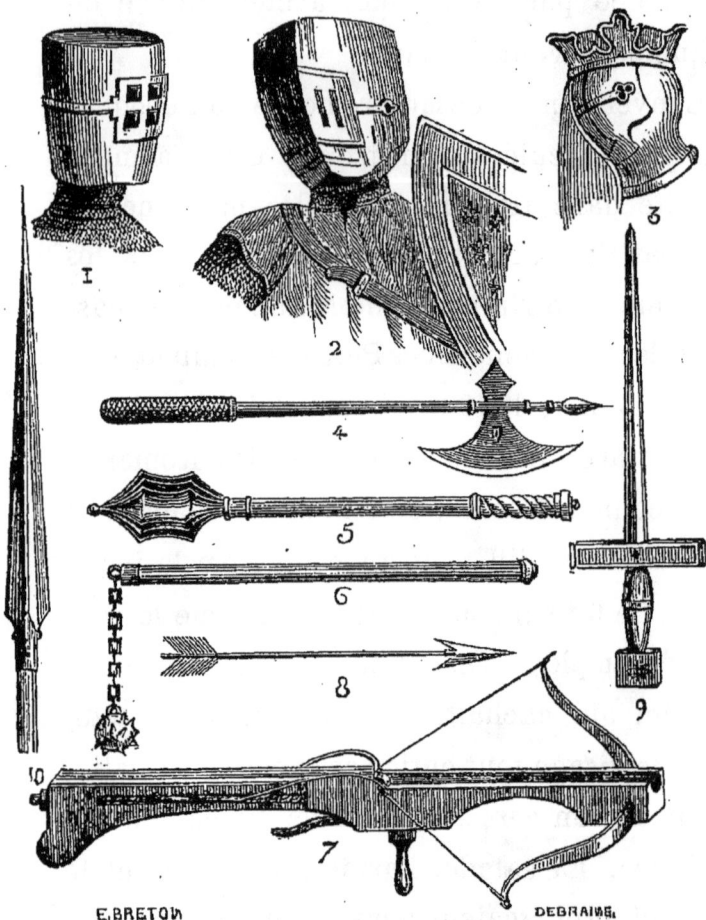

ARMES DU MOYEN AGE :

1 Casque. — 2 Heaume. — 3 Haubert. — 4 Hache d'armes.
5 et 6 Masse d'armes. — 7 et 8 Arbalète et flèche.
9 Épée. — 10 Lance. (p. 70.)

aussi, on faisait une incision horizontale à la
hauteur des lèvres, et deux trous en forme de
trèfles ou de croix, en face des yeux pour
suffire aux besoins naturels de l'homme enfermé dans tout ce pesant attirail.

Lorsque les hommes d'armes n'avaient ni la
cotte de maille ni l'armure, leur arme défensive était le *bouclier* qui leur servait à parer
les flèches, les pierres, à se garantir de tous
projectiles, et même à éviter les coups de
lance et de pique dans le combat corps à corps.
Le bouclier est aussi ancien que le monde; on
le retrouve à toutes les époques et chez tous
les peuples ne connaissant pas la poudre. Les
premiers boucliers furent d'abord de simple
osier tressé ou de bois mince et léger, puis de
cuirs de bœuf bordés de lames de métal. Leur
forme a souvent varié; mais l'habitude de
décorer la surface extérieure des boucliers a
été à peu près générale. Les anciens les recouvraient de figures symboliques et, de nos jours,
les Chinois du régiment des Tigres qui forment
la garde d'honneur de l'empereur, portent de
grands boucliers sur lesquels sont peintes des

têtes grimaçantes et capables d'épouvanter les ennemis à leur seul aspect.

Au moyen âge le bouclier prit une forme oblongue et fut appelé *écu*. Il était aussi souvent triangulaire, présentant une pointe à sa partie inférieure et une échancrure en haut. Les chevaliers et les hommes d'armes qui en étaient armés, le suspendaient à leur cou ou à l'arçon de leur selle pendant les marches. Pendant le combat ils saisissaient les poignées dans le bras gauche et se garantissaient suivant la direction d'où venait les coups. L'écu était ordinairement en bois recouvert de cuir et garni d'un bord en métal, ou même quelquefois en simple cuir bouilli. Les aspirants à la chevalerie le portaient uni jusqu'à ce qu'ils eussent gagné par quelque haut fait le droit d'y faire peindre des emblêmes propres à les rappeler; ce fut là l'origine des armoiries et des figures héraldiques.

L'usage de l'écu se conserva jusque sous François Ier, époque à laquelle il fut remplacé par la *rondache* et la *rondelle*.

La rondache, ainsi nommée à cause de sa

forme ronde, avait été inventée du temps de
Charlemagne, mais ce ne fut guère que cinq
cents ans plus tard qu'elle fut adoptée par des
troupes régulières, d'infanterie et de cavalerie. C'était l'arme défensive des chevaliers
errants. Elle était en bois de tremble, bordée
d'une garniture de fer. La rondelle, de dimensions plus petites, fut longtemps portée par les
corps de francs-archers, et les Ecossais en
demeurèrent munis jusqu'en 1745. En France,
il exista même pendant plusieurs siècles des
troupes de *rondachers*.

Depuis l'invention de la poudre et des armes
à feu, il ne reste plus, des armes défensives,
anciennement employées, que le casque et la
cuirasse. L'infanterie, débarrassée de toute
cette ferraille, n'a que plus d'aisance et
d'agilité, et elle peut faire aujourd'hui des
étapes qui auraient semblé impossibles, il y a
seulement trois siècles.

CHAPITRE VI.

L'Artillerie et son histoire.

Il nous est impossible de passer sous silence, après l'historique que nous avons fait des armes à feu portatives, une autre branche trop féconde, malheureusement, de l'industrie humaine et nous devons parler, pour compléter notre étude sur les armes humaines, de l'artillerie quoiqu'elle n'ait jamais servi qu'aux besoins de la guerre et à la destruction des nations les unes par les autres.

Aujourd'hui, en effet, l'artillerie est l'arme la plus importante dans les combats. Napoléon Ier l'avait bien compris et toutes les grandes batailles qu'il livra commencèrent par d'épouvantables canonnades. Sur terre comme sur mer, le canon est l'arme la plus terrible, et il est certain que ce monstre d'acier sera un jour le roi du champ de bataille. On

LES BOMBARDES DE CRÉCY.   (P. 74.)

va pouvoir d'ailleurs juger des progrès immenses qui ont été accomplis depuis l'invention des canons à gros calibre, bombardes et cerbotanes employées au moyen âge.

Beaucoup de peuples ont revendiqué le très contestable honneur d'avoir les premiers fait usage du canon. Ce point très longtemps débattu est maintenant éclairci et il paraît certain que c'est sur les Arabes que l'on doit rejeter le poids de l'invention de ces épouvantables engins, dont ils se servirent au quatorzième siècle, pendant les guerres qu'ils soutinrent en Espagne et dans le Maroc. Après eux, les Italiens et les Anglais utilisèrent des machines à lancer au loin des projectiles de pierre. On se rappelle certainement quel usage ces derniers firent de leurs bombardes à la bataille de Crécy!

Ces premiers canons se composaient d'une *volée* en métal, montée sur un chariot en bois très rudimentaire, et de plusieurs *chambres à feu*, mobiles et munies d'une anse. On plaçait la poudre de charge dans cette chambre, et on la remettait dans la volée où le boulet était

préalablement engagé, de façon que, pendant
le tir, on procédait au chargement des boîtes
de rechange. Ces *veuglaires* furent en usage
au moyen âge pendant les guerres qui eurent
lieu dans le Brabant et en Allemagne; on en
peut voir différents modèles dans divers Musées
d'Artillerie européens.

Sous Louis XI et Charles VII, l'artillerie
française était la meilleure de toute l'Europe.
A cette époque, les canons qui étaient en fer
forgé et, par suite, peu résistants, furent chan-
gés et on fit toutes les bouches à feu en bronze.
Les boulets, d'abord en pierre ou en bois,
furent alors de fonte de fer. Pendant deux
cents ans, on ne fit pas grand progrès et les
couleuvrines et fauconneaux, qui furent cons-
truits sous les règnes de François Ier, Henri II
et Charles IX, demeurèrent assez rudimen-
taires. Il est bon de dire qu'on ignorait à cette
époque les premiers principes de physique et
que l'on ne savait même pas au juste quelle
était la cause qui chassait le projectile hors
du tube.

Le premier perfectionnement sérieux ap-

ARTILLERIE FRANÇAISE AU XVIᵉ SIÈCLE. (P. 76.)

porté à la construction des canons, fut l'invention des *tourillons*, ailettes cylindriques coulées avec le corps même de la bouche à feu et qui, tout en supportant son poids, facilitent le pointage et permettent de mieux garantir la pièce du recul. Puis, la composition et la fabrication de la poudre étant mieux opérées, on peut réduire la longueur des « bâtons à feu » et cependant accroître leur justesse et leur portée.

Charles-Quint empereur d'Autriche et d'Allemagne possédait aussi une artillerie parfaitement montée. Il y avait six calibres de canons, dont les plus courts furent appelés mortiers, nom qui leur a été conservé depuis. Ils étaient ornementés de ciselures et le bronze qui les composaient était assez résistant pour supporter d'assez fortes charges de poudre.

Dans les temps qui suivirent, d'incessants perfectionnements furent apportés aux détails de la construction des bouches à feu et des projectiles. On inventa la vis de pointage et la fusée fusante, sous Louis XIV, et, pour le

siége des places fortes et des villes fortifiées,
on se servit de mortiers et de bombes.

Sous la Révolution, l'artillerie française for-
mait un corps nombreux et assez bien monté.
Gribeauval l'avait munie d'excellentes pièces
et d'instructions fort précises; il inventa la
bricole et la *prolonge*, et développa l'étendue
des services que le canon pouvait rendre. Ce
fut ce grand homme qui certainement fit le
plus pour l'organisation de cette arme, dont il
avait compris la véritable importance dans le
combat moderne.

Vers 1750, on avait commencé à **rayer** l'intérieur des canons dans le but de supprimer le
forcement des projectiles dans le canon, et
d'animer celui-ci d'une vitesse plus grande.
Ce fut un savant anglais, Robins, qui eut cette
idée féconde, qui amena peu à peu à l'invention du boulet cylindro-conique ou *obus*.

Vers 1825, l'artillerie de Gribeauval fut encore perfectionnée, notamment par Paixhaus,
officier français. La rénovation fut commencée
par les gros canons de la marine et les pièces
de côte et s'étendit, mais plus tard, aux bou-

ARTILLERIE FRANÇAISE EN 1830. (P. 78.)

ches à feu de campagne. La hausse de pointage fut inventée et tous les canons, que l'on
fondit furent désormais rayés intérieurement,
suivant les principes découverts trois quarts
de siècle auparavant par Robins. Dès lors
l'essor était donné et l'on revint à l'étude de
la question. Les gros canons furent fabriqués
en fonte frettée, et vers 1840, on commença à
faire des pièces en acier en Anglelerre chez
M. Bessemer, et en Allemagne chez le trop
fameux Krupp d'Essen. Enfin les obus furent
inventés et, la théorie ayant été poussée plus
loin encore qu'elle ne l'avait été, on reconnut
l'avantage des trajectoires tendues et par suite
des fortes charges de poudre. Citons dans cette
voie de perfectionnements, le mot progrès ne
serait pas à sa place ici, — les noms de
MM. Flobert, Withworth, Lancaster et Morin
qui ont fait avancer la question.

En Amérique l'art de l'artillerie qui y avait
pénétré avec les Anglais, fit d'énormes progrès vers 1860. On coula d'énormes canons
en fonte et en acier, des columbiads mons-
trueuses pesant des centaines de quintaux et

lançant à d'énormes distances des projectiles gigantesques, pesant cinq et six cents kilogrammes, enfin la vieille Europe fut dépassée au point de vue de la grandeur de ces épouvantables engins.

Cependant on s'occupait avec ardeur des gros canons qu'on commençait à vouloir charger par la culasse. Plusieurs systèmes furent successivement proposés, notamment par MM. Armstrong, Cavalli, Wistworth, Krupp, et plusieurs échantillons de ces canons furent envoyés à l'Exposition Universelle de 1867, où ils furent très remarqués.

La marine se mettait elle aussi à hauteur du mouvement qui se produisait; les anciennes caronades et les vieux pierriers furent détrônés et remplacés par des bouches à feu plus perfectionnées se chargeant par la culasse et lançant au loin des obus en acier remplis de poudre et détonant par le feu d'une fusée percutante spéciale. Le duel entre le canon et la cuirasse commença et donna lieu à la réforme presque entière de la marine de guerre des pays civilisés.

LE CANON KRUPP A L'EXPOSITION DE 1867. (P 80.)

Depuis la guerre de 1870, de néfaste mé-
moire, notre matériel d'artillerie a été complètement transformé par suite du progrès
apporté au fonctionnement des canons par le
trop célèbre Krupp. Grâce au chargement des
bouches à feu par la culasse, les Prussiens
obtenaient des effets meurtriers à des distances
auxquelles il était impossible à l'artillerie
française de répondre.

Ce fut le colonel de Reyffie qui imagina le
premier système français de fermeture de
culasse, et, après lui, vint le major de Bange
qui ajouta son ingénieux obturateur élastique à la vis à trois filets interrompus de
M. de Reyffie.

Le matériel de l'artillerie de campagne, actuellement en service en France, se compose
de canons en acier, rayés, se chargeant par la
culasse par le mécanisme de Bange, et dont le
diamètre de l'âme mesure quatre-vingts et
quatre-vingt-dix millimètres.

Les batteries à cheval, où les servants sont
montés sur des chevaux de selle, sont armées
du canon de quatre-vingts millimètres, dont le

poids restreint (420 kilogrammes seulement ou 900 avec l'affût), leur permet de se déplacer rapidement, aux allures vives, trot allongé ou galop, et de se porter selon les besoins de l'action, à tel ou tel point du champ de bataille où leur effet peut être efficace. Elles sont destinées par suite, à accompagner la cavalerie et faire division avec elle.

Le canon de quatre-vingts millimètres lance à des distances variant de cinq cents à sept mille mètres, des obus remplis de balles sphériques percutants ou fusants et d'un poids de onze livres, puis des obus ordinaires remplis de poudre et des boîtes à mitraille.

On sait ce que c'est qu'une *boîte à mitraille*.

C'est une boîte cylindrique en zinc avec un culot en bois et une anse pour le transport, remplie de 85 balles pour le canon de 80, de 123 pour le 90, et qui fonctionne de telle façon qu'au moment où le coup part, le zinc se déchire, et que les balles se dispersent formant une gerbe des plus meurtrières contre les troupes s'avançant à découvert et à une faible distance. L'obus à balles, fort employé égale-

ment aujourd'hui, n'a pas un effet moins terrible. En plus de ses éclats meurtriers, cet
engin désastreux projette, au moment où il se
brise sous l'effort de la déflagration de la
charge intérieure de poudre, quatre-vingt-
douze balles de fer. On juge de l'effet.

Les batteries *montées* qui composent la tota-
lité de l'artillerie divisionnaire et une grande
partie de l'artillerie de corps, possèdent le
canon en acier et se chargeant par la culasse,
comme le précédent, de quatre-vingt-dix millimètres.

Cet engin mérite une description spéciale :

Il se compose d'un fort tube en acier, ren-
forcé à sa partie postérieure par six frettes,
également du même métal, posées à chaud, et
ajoutant une résistance incroyable au canon,
ce qui permet de tirer avec des charges beaucoup plus fortes que ne le permettraient des
canons en bronzes du même poids et de la
même épaisseur. Ces six frettes sont : la frette
de calage qui empêche la *frette-tourillon* de
glisser en avant, trois frettes ordinaires et la

fretté de culasse où est solidement encastrée le
mécanisme de culasse.

Vingt-huit rayures, tournant de gauche à
droite, sillonnent l'*âme* de cet engin — si tant
est qu'un canon puisse posséder une âme, ce
qui est bien le comble de l'antithèse, — elles
servent à imprimer au projectile un mouvement de rotation qui l'empêche de *basculer*
pendant qu'il décrit sa trajectoire à travers
les airs.

La fermeture de la culasse et l'obturation de
la partie postérieure du tube est des plus ingé-
nieuses : dans un *volet* mobile qu'un *loquet*
permet de rattacher, en le fermant, à la frette
de culasse, glisse un cylindre, comportant
quatre secteurs lissés et quatre secteurs filetés.
La partie intérieure du canon représente la
même disposition. Pour rattacher donc, d'une
façon inébranlable pendant le départ du coup,
le cylindre au canon, on fait tourner au moyen
d'une poignée fixe et d'un levier-poignée ce
cylindre, de façon que ses secteurs filetés
soient complètement engagés dans ceux tracés

LES OBUS. (P. 85.)

à l'intérieur de la culasse. Dès que les filets sont engagés, la fermeture est solide.

Pour obtenir la fermeture hermétique, l'*obturateur* dont on se sert se compose d'une galette d'amiante, imbibée de suif et serrée entre deux coupelles en étain. Lorsque le coup part, le *champignon de la tête mobile*, lancé en arrière par le recul, vient comprimer cette galette, qui bouche hermétiquement, en se dilatant, tous les joints de la vis.

L'ogive de l'obus est surmontée d'une *fusée* vissée dans l'*œil* du projectile. Cette fusée peut être de deux systèmes différents : elle peut être percutante et fusante ou simplement percutante. Dans ce second cas, sous l'influence d'un choc contre un corps dur quelconque, un porte-amorce à fulminate de mercure renfermé dans le *chapeau* de la fusée vient rencontrer une pointe qui l'enflamme et enflamme par conséquent la charge intérieure de poudre de l'obus.

La fusée à double effet est un peu plus compliquée. En plus du système percutant, elle possède une combinaison qui permet de régler

9

l'inflammation de la poudre après une durée quelconque de parcours, depuis une jusqu'à vingt secondes.

Il y a aussi quelques autres systèmes de fusées pour les canons de montagne, les mortiers et les grenades, mais ils ne trouveraient pas leur place ici.

Parlons un peu, après les canons de campagne, des armes de défense de siége et de place.

Le diamètre dans l'âme de ces pièces, varie de 95 à 155 millimètres pour les *canons longs*. Les mortiers sont de 220 et de 270 millimètres. Il existe aussi dans l'ancien matériel des canons en bronze de 138 millimètres, des obusiers de 15 et de 16 centimètres et des mortiers également en bronze de 27 et 32 centimètres.

Dans le matériel actuellement en service, les pièces se chargent par la culasse, comme dans les canons de campagne. Leur service comporte donc quatre opérations différentes :

1° Disposer la pièce pour pouvoir tirer commodément; en un mot la mettre en batterie;

2° Charger ;

3° Pointer ;

4° Mettre le feu.

Le nombre de servants nécessaire pour l'exécution de la manœuvre de la bouche à feu, dans les canons de campagne, est ordinairement de six par pièce. Lorsque le lieu de tir est choisi, les conducteurs détellent, les servants descendent des coffres et disposent la bouche à feu horizontalement et tournée du côté du but à battre. On introduit d'abord l'obus, ensuite la gargousse dans la *chambre*, on ferme la culasse, et, le canon chargé, on pointe.

Pour tirer sur un but visible, on emploie la *hausse*, laquelle se compose ordinairement d'une tige triangulaire en laiton, graduée en *portées* sur une face, en millimètres sur l'autre, et en degrés de dérive sur la face antérieure.

Le canon étant rayé, par suite du mouvement de rotation qu'il acquiert dans l'âme, le projectile est dévié dans le sens de la rayure hélicoïdale. Il est donc de toute nécessité, si l'on veut tirer juste, de tenir compte de cette

dérivation, comme on l'appelle ; de là l'utilité
de la *planchette de dérive*.

Pour pointer sur un but invisible, lorsque le
pointeur, debout derrière sa pièce, peut aper-
cevoir le but, il donne l'inclinaison avec le niveau de pointage, la dérivation avec le fil à
plomb et la hausse. Lorsque, même en se haussant, il ne peut rien distinguer, on fait mar-
quer la direction par un piquet, un sabre ; puis,
se servant du niveau à bulle d'air, on donne
l'inclinaison, et à tous les coups on *repère* la
pièce, ce qui évite de longues pertes de temps.

On met le feu à la charge de poudre, à la
gargousse, au moyen d'une *étoupille*. L'étoupille consiste en un simple tube en cuivre
rouge de huit centimètres de longueur sur
quelques millimètres de diamètre. Ce tube
contient, à sa partie supérieure, du fulminate
de mercure traversé par un rugueux en cuivre ; à sa partie inférieure de la poudre de
chasse. L'étoupille est fermée, en haut, par
un bouchon que traverse le fil du rugueux ;
en bas, par un petit tampon de cire.

Pour faire détoner la gargousse, on enfonce

l'étoupille dans le canal de lumière, on redresse la boucle du rugueux et on y engage un crochet fixé au bout d'une longue ficelle appelée *tire-feu*. En tirant sur le rugueux, le frottement enflamme le fulminate et la poudre de l'étoupille. La flamme arrive jusqu'à la gargousse et l'enflamme à son tour. C'est fort simple, comme on en peut juger.

On amorce de la même façon les canons de place, de côté et les mortiers, excepté les canons à balles, les mitrailleuses et les canons-revolvers.

Les effets produits par les projectiles des gros canons sont effroyables. A neuf kilomètres de distance l'obus du canon de 155 millimètres qui pèse 40 kilogrammes et contient une charge intérieure de 450 grammes de poudre fine et brisante (MC30), couvre de ses éclats meurtriers une surface de cent mètres carrés de terrain. Quand il a rayé du livre de vie une trentaine de mortels, on considère qu'il a rendu à peu près tout son effet utile.

Mais la bouche à feu dont les ravages sont sans contredit le plus épouvantable, est bien certainement le mortier de 220 millimètres qu'un exemplaire qui a éclaté pendant une école de tir a forcé de remettre à l'étude. Ses effets sont réellement *écrasants*.

Pointée sous un angle de 42 degrés, elle projette, à 4,600 mètres de distance, un obus conique, armé de la fusée percutante de siége et de montagne, et dont le poids est de 98 kilogrammes. La *flèche* maximâ de la trajectoire est alors de 2,500 mètres, — c'est-à-dire que le projectile retombe sur le sol d'une hauteur de 7,500 pieds. Les dégâts causés par cet engin de 98 kilos, tombant des nuages avec une vitesse et un poids croissants, sont formidables. Un vaste bâtiment peut être effondré du coup !

Deux canons, curieux à étudier, sont le canon à balles et le canon-revolver que nous avons déjà nommé plus haut.

Le premier se compose de 25 tubes en acier, rayés et entourés d'une enveloppe en bronze. Le chargement se fait par la culasse au moyen d'une plaque à déclenchement qui comprime en avançant les ressorts à boudin des percuteurs, lesquels, en se dégageant, viennent frapper l'amorce et provoquent la déflagration de la poudre comprimée renfermée dans le culot de la cartouche. Lorsque les 25 coups sont partis, on remplace la plaque vide par une autre culasse chargée et on fait mouvoir le système. De cette façon, on peut tirer cinquante balles à la minute avec ce canon et couvrir de projectiles une grande étendue de terrain, car le recul est nul et la pièce peut rester indéfiniment pointée.

Le canon-revolver est un peu plus compliqué, il sert au flanquement des fossés de fortification.

La bouche à feu en elle-même consiste en un faisceau de cinq tubes, montés sur un affût spécial, et dont le diamètre est de quarante millimètres et d'un mécanisme en culasse, renfermé dans un *manchon-enveloppe* qui produit les opérations suivantes : rotation du faisceau de canons ; introduction de la cartouche ; percussion qui doit enflammer l'amorce, et extraction des douilles vides. Les organes destinés à les exécuter sont tous actionnés par une manivelle placée sur le côté du manchon ;

grâce à ce mécanisme, chaque tube mis en
mouvement et arrêté à des moments déter-
minés, reçoit une cartouche, fait feu et abandonne la douille vide.

Un distributeur automatique remplace les
cartouches dans chaque canon, au fur et à
mesure du départ et de l'extraction des projectiles précédents.

Les projectiles lancés par le canon-revolver,
sont des sortes de petites boîtes à mitraille
composées d'un cylindre en laiton renfermant
24 balles sphériques, en plomb durci, pesant
chacune 32 grammes; la charge de poudre,
pesant 90 grammes, est contenue dans une
douille métallique. De cette façon, chaque
tube lance donc, à chaque départ, 24 fragments
métalliques qui, par suite de la variation du
pas des rayures, couvrent de leur gerbe une
étendue de terrain différente pour chacun des
canons.

Nous avons oublié de dire que l'affût est
muni de deux petites roues en fer et qu'un
écran pare-balles, complète sa construction.
Les canons sont mobiles, en hauteur, par suite

du mouvement vertical qu'on peut donner à la culasse, grâce à la vis de pointage, et dans le sens horizontal au moyen de la crosse.

Le canon-revolver n'ayant aucun recul, il peut donc rester indéfiniment pointé ; il est toujours prêt à fonctionner ; l'obscurité, le brouillard, la fumée, ne gênent en rien son action. Il peut tirer soixante coups à la minute, soit vingt-cinq balles par seconde.

L'artillerie de montagne, se composant de pièces devant être transportées à dos de mulets, possède un matériel composé absolument pour elle.

Le diamètre dans l'âme, de ces canons, est de 80 millimètres comme dans les pièces de campagne de l'artillerie volante. Mais le poids est loin d'être le même : 105 kilogrammes au lieu de 450. Aussi la charge de poudre est-elle considérablement réduite : 350 grammes au lieu de 1900. Pourtant l'obus peut encore porter utilement à près de quatre mille mètres.

Mais voilà bien des chiffres !...

La manœuvre du canon de montagne est simple. Le premier mulet porte la pièce encastrée sur un bât spécial, le second porte l'affût, le troisième les roues, la limonière et la *rallonge de flèche;* ceux qui suivent ensuite, les caisses de munitions et de bagages. Lorsqu'on veut *mettre en batterie* selon le terme technique, on décharge d'abord le mulet d'affût, ensuite le mulet de roues et enfin le mulet de pièce. En quelques minutes, le canon est remonté ; pour pointer, le servant chargé de cette opération se met sur un genou et se sert de la hausse comme nous l'avons dit pour les canons de campagne. Le feu est mis également de la même façon, au moyen d'une étoupille.

Tel est, à l'heure actuelle, le matériel de notre artillerie, dont la supériorité a été constatée en maintes circonstances, soit pour la rapidité, la justesse ou la rapidité du tir.

Inutile de dire que la France n'a fait que suivre, en renouvelant entièrement son matériel d'artillerie, l'exemple qui lui avait été donné par l'Europe entière. Ce sacrifice était indispensable pour se maintenir à hauteur des autres puissances et demeurer dans des con-

CH. NOEL.   E. DELAHAYE. SC.

LE CANON DE BANGE. (P. 95.)

ditions de lutte à peu près égales avec les
nations voisines. Les canons de 7, à chargement par la culasse, du colonel de Reffye,
dont quatre mille exemplaires furent fondus
pendant le siége, ont été mis à la réforme et
ne servent plus qu'à l'instruction et à l'armement des troupes d'artillerie de l'armée terri-
riale et de la réserve. L'artillerie de marine a
aussi subi de notables perfectionnements et
aujourd'hui le système de canon de Bauge,
d'après des expériences concluantes qui en
ont été faites, est le meilleur qui existe et il
ost supérieur à tous points de vue à tous les
autres systèmes, même à celui de Krupp qui
passait pour être supérieur à tous les canons
européens.

Les mitrailleuses ne sont plus employées en
France que pour la défense des fossés de fortification et sous le nom de *canons-revolvers*. A
l'étranger, leur emploi s'est peu répandu.
Citons cependant la Belgique qui possède la
mitrailleuse Montigny, l'Angleterre qui a la
mitrailleuse blindée et à manivelle, et les
Etats-Unis qui sont munis d'échantillons de

96   LES ARMES ET L'ARMURERIE.

mitrailleuse du système Catling, à peu près identiques tous au canon-revolver français, dont nous avons donné la description.

Revoyons maintenant le chemin parcouru par cette branche de l'industrie humaine, depuis son invention. A quel triste but tend toute l'ingéniosité déployée dans ces innovations successives !

On a emprunté à la métallurgie ses procédés les plus nouveaux, à la science ses découvertes les plus précieuses pour en arriver à quoi?... A la boucherie universelle!

Quand donc les peuples seront-ils assez instruits pour distinguer leurs véritables intérêts, quand donc les savants, ou ceux réputés tels, cesseront-ils d'appliquer leur talent aux procédés les plus ingénieux ou les plus rapides de destruction.

Aux maux que produit la guerre, il n'est qu'un remède, c'est de rendre ce fléau le plus rare possible et pour cela de répandre l'instruction le plus qu'on le peut par les journaux ou par les livres. C'est la tâche de tous ceux qui tiennent une plume et, pour nous, nous n'y faillirons pas, nous répétant toujours dans les moments de découragement notre énergique devise :

« Le Progrès par l'instruction et par la » science! »

FIN.

TABLE

—

FIN DE LA TABLE.

—

Limoges. — Imp. E. ARDANT et Cⁱᵉ

LA SCIENCE POPULAIRE

LE CIEL

ET

L'ATMOSPHÈRE

PAR

S. DUCLAU

LIMOGES

EUGÈNE ARDANT ET Cie, ÉDITEURS.

www.ingramcontent.com/pod-product-compliance
Lightning Source LLC
Chambersburg PA
CBHW062008200326
41519CB00017B/4721